Karin Katpley

Spiel mit mir!

Katzenspiele für Hauskatzen

Plus die besten Tipps für eine katzengerechte Wohnung

Bibliografische Informationen der deutschen Nationalbibliothek. Die deutsche Nationalbibliothek verzeichnet diese Publikation in der Deutschen Nationalbibliografie: Detaillierte bibliografische Daten sind im Internet über http://dnd.d-nb.de abrufbar

Herstellung und Verlag:
Books on Demand GmbH Norderstedt

ISBN: 9783837088953

Inhaltsverzeichnis

Liebe Katzenbesitzer!

Hauskatzen sind wirklich treue Mitbewohner und in der Regel auch pflegeleicht. Tiere, die keinen Auslauf haben, brauchen aber etwas mehr Abwechslung im Alltag. Langweilen sich die Katzen, können sie dem Menschen schnell auf die Nerven fallen, denn wenn ihnen etwas nicht passt, beklagen sie dass auch lauthals! Somit ist der Besitzer gefordert, sich kreative Spielmöglichkeiten für unsere vierbeinigen Freunde auszudenken. Genau dabei soll Ihnen dieses kleine Buch helfen.

Sie finden Spielmöglichkeiten zum sofortigen Nachmachen und Anregungen die helfen sich eigene Spiele und Varianten auszudenken.
Sie müssen nicht unbedingt teueres Spielzeug kaufen! Oft hat man viele Sachen im Haushalt, die sich als Spielzeug für Katzen eignen.
Achten Sie aber auch darauf, ob die Katze grade überhaupt in Spiellaune ist oder lieber relaxen möchte. Natürlich sollte man auch nie gleich nach dem Essen spielen, dass kann sonst auf den Magen schlagen.
Außerdem finden Sie noch einige Tipps, die es beim Zusammenleben mit diesen schönen Tieren zu beachten gibt. Ich wünsche Ihnen und Ihrer Katze viel Spaß beim ausprobieren!

Ein Spielpartner

Klar, am meisten macht das Spielen natürlich mit einem Partner Spaß. Das ist ja auch bei Kindern so. Deshalb gilt es vor der Anschaffung einer Katze zu überlegen: Soll es eine oder doch Zwei sein? Eine wichtige Frage!

Grundsätzlich würde ich empfehlen zwei Katzen zu nehmen. Am besten natürlich Geschwister. Es ist schön, wenn die beiden dann zusammen aufwachsen und immer einen Artgenossen an der Seite haben. Grade wenn Herrchen und Frauchen den ganzen Tag außer Haus sind und die Katze allein in der Wohnung ist. Dann kann es schnell langweilig werden. Schön, wenn man dann jemanden zum Spielen und Kuscheln hat, oder?

Natürlich hat nicht jeder die Möglichkeit zwei Katzen aufzunehmen, aber wenn es möglich ist, sollte man unbedingt darüber nachdenken. Grade reine Hauskatzen freuen sich über einen Spielpartner. Tiere mit freiem Auslauf hingegen haben auch so viel um die Ohren. Aber ein Spielpartner an der Seite ist immer noch das beste Mittel gegen Langeweile.

Die Spielmaus

Diese kleinen Spielzeuge gibt es mittlerweile sogar in vielen Supermärkten zu kaufen.
Es handelt sich natürlich um eine Nachbildung von Mäusen, also den Lieblingstieren zum Jagen für unsere kleinen Haustiger.

Beim Spielen mit diesen kleinen Dingern können die Katzen perfekt ihren natürlichen Jagtrieb ausleben. Es gibt sie in Gummivarianten oder als Plastik mit leichtem Filzüberzug. Letztere ziehe ich vor, weil die einfach weicher und natürlicher wirken.

Man nimmt die Maus und ahmt die Bewegungen nach, die eine Maus so macht. Also lassen Sie das kleine „Tier" über den Boden „laufen" und vor dem „Jäger" flüchten. Passen Sie aber auf Ihre Hände auf wenn die Katze zuschnappt! Gut macht es sich auch die Maus hinter einem Kissen zu verstecken und kurz aus dem Versteck kucken zu lassen, bis die Katze sie entdeckt hat.
Wie gesagt: Immer schön auf die Hände achten!
Man kann auch prima einen Faden an der Maus befestigen und sie so hin und her ziehen. Das macht der Katze und dem Frauchen Spaß.

Spielmäuse mag jede Katze

Laserduell

Der Laserpointer hat sich in den letzten Jahren zu einem beliebten Spielzeug für Katzen entwickelt. In den zahlreichen „Pannenvideo“ Sendungen kann man oft lustige Videos von Tieren sehen,die dem roten Punkt hinterflitzen. Mittlerweile bekommt man diese kleinen Technikspielzeuge fast überall ganz günstig, teilweise schon für einen Euro.

Für das Frauchen oder Herrchen ist das spielen so auch recht bequem, man braucht ja nicht mal von der Couch aufzustehen. Ein Knopfdruck und schon ist der leuchtende Punkt an die Wand projiziert. Für die Katzen bleibt das nicht lange unentdeckt. Ein „Ding“das man unbedingt jagen muss!

Man kann den leuchtenden Punkt kreuz und quer durch die Wohnung sausen lassen und die Katzen können sich so richtig austoben. Aber es gilt: Nicht zu lange damit spielen. Am besten nur ein paar Minuten denn der Punkt kann ja nicht gefangen werden. Das kann auch schnell zu Frust führen. Außerdem sollte die Katze den Strahl nicht in die Augen bekommen denn dass ist ja auch für den Menschen nicht gesund.

Jetlag für die Katze

Katzen jagen in der Natur ja bekanntlich auch sehr gerne unsere geflügelten Freunde, die Vögel. Alles, was fliegt, ist für die Vierbeiner interessant. Man sieht es auch, wenn sich eine Fliege oder Mücke in die Wohnung verirrt: Das weckt den Jäger in jeder noch so müden Hauskatze!

Also holen Sie ein Blatt Papier raus und basteln Sie einen schönen Flieger. Das geht recht schnell und macht auch noch Spass. Den Flieger werfen Sie dann durch die Wohnung und die Katze wird dem nicht lange einfach so zusehen wollen. Es kann natürlich sein das der Flieger nicht lange überlebt, wenn die Katze ihn erstmal gefangen hat, also stellen sie sich auf Papierschnipsel in der Wohnung ein. Passen sie auch auf das der Papierflieger nicht unbedingt auf dem Schrank zwischen den teuren Vasen landet, denn wenn die Katze im Eifer des Gefechts hinterher hechtet kann schon mal was zu Bruch gehen! Auch wenn Katzen sonst so geschickt sind. Ansonsten ist ein Papierflieger die schnelle und spontane Lösung für ein kurzes Spielvergnügen, dass Mensch und Tier Spaß macht und nicht aufwendig ist.

Katzen Billard

Katzen lieben in der Regel alles, was sich bewegt und kleiner ist als sie selbst.. Einmal suchte ich in einem Geschäft nach einem neuen Spielzeug für meine lieben und kaufte spontan einen ganzen Beutel voller Murmeln.
Eigentlich wollte ich nur ein paar davon haben, es gab aber natürlich nur den ganzen Beutel zu kaufen. Zuhause kippte ich alle Murmeln in eine Ecke. Dann nahm ich einige davon und schnippte sie weg. Meine Katzen waren begeistert und spielen sehr gerne damit.
Murmeln haben allerdings den Nachteil, dass sie aus Glas sind. Somit sind sie recht hart und damit auch laut.
Die kleinen Dinger machen eine Menge Lärm, wenn man keinen Teppichboden hat. Besonders in der Küche oder im Bad, wo die Katze auch schon mal mit den Murmeln hingeht, ist es eher ungeeignet. Zudem sollten Sie Ihren Katzen immer nur einzelne Murmeln geben, Bei mir waren nämlich irgendwann in der ganzen Wohnung die Kugeln verteilt. Da kann man leicht ausrutschen! Besonders nachts, wenn man noch mal ins Bad will. Also Vorsicht!
Ansonsten macht es Katzen schon viel Spaß damit zu spielen.

Ein Licht geht auf

Es muss nicht immer ein Laserpointer sein. Wenn es spontan sein soll, geht es auch anders. Scheinen die Sonnenstrahlen durch ein Fenster in den Raum? Dann nehmen Sie doch einen kleinen Spiegel zur Hand und reflektieren Sie die Sonnenstrahlen an die Wand. Das hat fast den gleichen Effekt wie ein Laserpointer. Die Katzen möchten das umherschwirrende „Ding" unbedingt fangen. Achten Sie auch hier darauf Ihre Katze nicht zu lange an der Nase rumzuführen. Sie kann den Punkt ja nicht wirklich fangen und wir wollen das Tier ja nicht unnötig frustrieren.

Anstatt eines Spiegels kann man auch eine CD-Hülle nehmen. Oder einfach die Armbanduhr, einen Löffel, ein Messer, das Handy. Egal was.
Im Prinzip geht alles, womit sich die Sonne reflektieren lässt. Aber auch ganz ohne Sonne oder Laserpointer muss man nicht auf dieses Spiel verzichten. Nehmen Sie eine einfache Taschenlampe. Wenn möglich stellen die den Lichtstrahl so ein, dass Sie einen kleinen Leuchtpunkt erzeugen. Diesen lassen Sie dann über Boden und Wände sausen.

Die Katze muss dem Lichtpunkt hinterher

Cats on the Socks

Ich weiß nicht, wie ich mal darauf gekommen bin, wahrscheinlich war es einfach Zufall. Ich stand am Kleiderschrank und eine meiner beiden Quälgeister „miaute“ mich von hinten an. Ich öffnete die Schublade, nahm eine paar Socken, die ich zu einem Knäuel gemacht hatte, raus und warf es ihr hin. Sie spielte wie verrückt damit und schleppte ihre „Beute“ durch die Wohnung.

So ein Sockenknäuel hat etwas von einer dicken Maus oder Ratte. Es ist zwar relativ weich aber behält trotzdem eine kugelähnliche Form. Man kann wunderbar reinbeißen und sich festkrallen. Ideal um sich auszutoben. Verleihen Sie dem Sockenknäuel leben indem Sie es wie eine Maus bewegen. Werfen Sie es wie einen Ball und sehen zu wie Ihre Katze damit wild am kämpfen ist.

Sie können auch eine Schnur daran befestigen und die Socken hinter sich her ziehen. So verleihen Sie der „dicken Maus“ Leben und können sie durch die ganze Wohnung wandern lassen. Glauben Sie mir: Die Katzen werden es lieben diese „dicke Maus“ zu jagen.

Aus einem Paar Socken wird eine „Maus"

Herr der (Flaschen)Ringe

Auch dieses Katzenspiel habe ich zufällig entdeckt. Meine beiden Katzen haben Vorlieben, über die man wirklich staunen kann. Als ich eine Flasche Wasser trank, kratze ein Mal eine meiner Katzen an dem Ring, der unter dem Deckel ist. Ich entfernte ihn und es wurde das Lieblingsspielzeug meiner Katze *Fee*.
Diese kleinen Plastikringe finden sich an vielen Trinkflaschen. Es ist aber nicht immer so leicht, die „Dinger“ abzumachen. Das ist eine ganz schöne Fummelarbeit.

Meine *Fee* ist aber ganz verrückt nach diesen Flaschenringen. Wenn ich sie wegwerfe, hechtet sie schnell wie ein Blitz hinterher. Sie kaut auch gerne mal drauf rum oder sammelt mehrere und legt sie in ihr „Versteck“.
Ich lege die Ringe meistens auf den (Teppich) Boden und schnippe sie mit den Fingern schnell weg. Ich kann manchmal nicht in Ruhe aus einer Flasche trinken ohne das meine *Fee* mir die Flasche „klauen“ will!
Natürlich kann es vorkommen, dass man die Ringe hinterher an den unmöglichsten Stellen wieder findet, aber das ist ja bei jedem Spielzeug so. Also nicht ärgern!

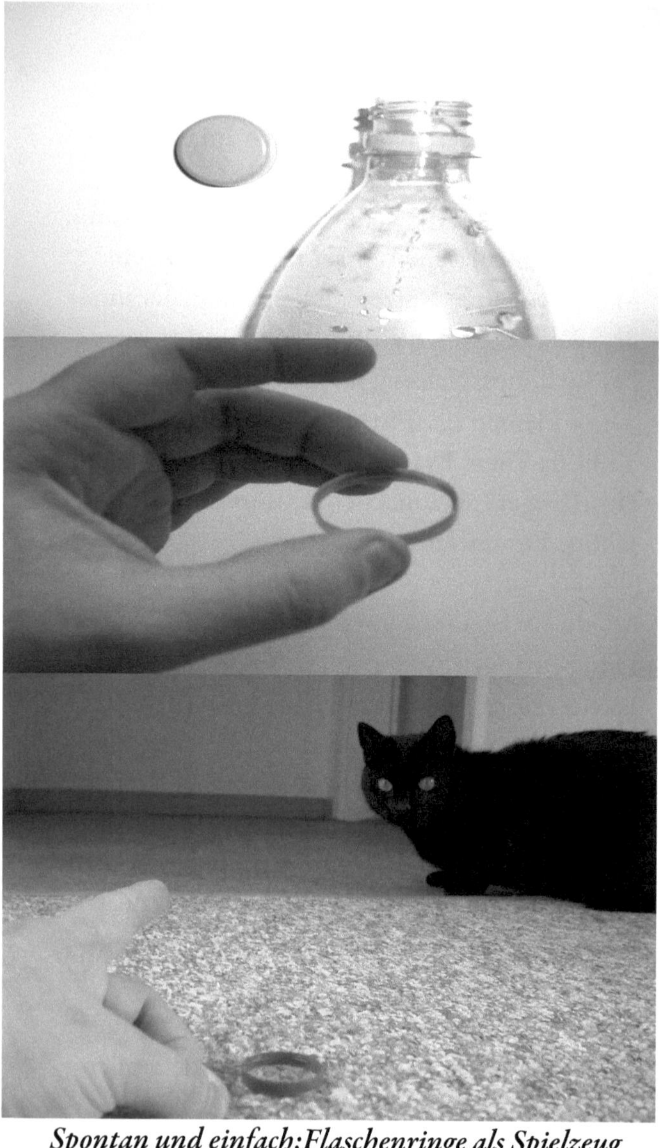

Spontan und einfach:Flaschenringe als Spielzeug

Verstecken und Fangen

Ja, gemeint ist der gute, alte Kinderspielklassiker. Und auch mit Katzen lässt sich Verstecken oder Fangen spielen. Wenn man zwei Katzen hat, sieht man die beiden auch öfter bei diesem Spiel. Meistens belauern die beiden sich dann, bis eine der beiden dann einen Angriff startet. Dann wird erstmal heftig gekabbelt bis dann einer genug hat und flüchtet. Dann wird sich wieder versteckt und das Ganze geht von vorne los. Damit trainieren die kleinen Raubkatzen ihren natürlichen Jagt und Kampf Instinkt. Die Katze will ja in Form bleiben!

Sie als Mensch können das auch nachahmen. Schließlich sieht Ihre Katze in Ihnen ja auch einen Verwanden oder eben den „Anführer“. Verstecken Sie sich hinter einem Schrank oder der Couch. Ahmen Sie das Verhalten der Katzen bei der Jagt nach. Schauen Sie „Ihr Opfer“ starr mit großen Augen an. Die Katze wird nach einer Zeit nervös werden und entweder auf Sie zu oder vor Ihnen wegrennen. Wenn Sie Ihren Liebling „gefangen“ haben, freut er sich über seine Streicheleinheiten. Natürlich hat die Katze nicht immer Lust auf dieses Spiel, also einfach ausprobieren.

Gib mir die Kugel

Lange Zeit waren die schon genannten Flaschenringe das Lieblingsspielzeug meiner beiden Katzen. Besonders *Fee* mochte diese kleinen Dinger. Dann aß ich mal einen Schokoriegel und formte aus der Alupapierfolie eine kleines Kügelchen und siehe da: Das war von nun an das neue Spielzeug der ersten Wahl. Wenn ich nur so ein kleines Kügelchen anfasse, werden die beiden total nervös und unruhig. Die Kugel kann aus Alufolie oder auch normalem Papier sein. Ich mache sie immer etwa haselnussgroß. Die Katzen sehen darin wohl ein kleines Insekt, welches man unbedingt jagen muss.

Ich lege die Kugel auf den Boden und die Katzen warten gespannt drauf, dass ich sie mit dem Finger wegschnippe. Dann sieht man die beiden auch schon hinterher flitzen und die Kugel wird durch die ganze Wohnung „gekickt". Natürlich kann man bedenken haben, ob so eine kleine Kugel nicht von den Katzen verschluckt wird. Ist mir zum Glück nie passiert. Ich glaube Katzen sind da auch sehr vorsichtig und geschickt genug. Machen Sie die Kugel am besten nicht zu klein.

Einfache Ideen sind oft die besten

Katzen Formel 1

Dies ist eine wirklich tolle Möglichkeit mit den Katzen zu spielen. Das Beste dabei: Es macht Katze und Frauchen Spaß! Die Rede ist von ferngesteuerten Autos. Nicht diese Großen, die man normal so kennt, sondern Miniflitzer. Es handelt sich um wirklich sehr kleine Rennautos, die man circa eine Minute auflädt. Dann kann man damit so ungefähr zwei bis drei Minuten fahren. Solche Dinger bekommt man sehr günstig in manchen Geschäften oder im Internet. Teilweise habe ich gesehen, dass es sie sogar Gratis als Werbegeschenk dazu gab.

Man muss darauf achten, wo man sie fahren lässt. Teppichboden ist total ungeeignet dafür, also lieber glatte Flächen verwenden. Katzen halten den Miniflitzer für ein kleines Tier und werden es natürlich jagen. Das ist perfekt wenn sich die Stubentiger mal richtig austoben sollen. Lassen Sie den Miniflitzer harte Kurven ziehen, unter das Sofa flitzen oder einfach immer um die Katze herum fahren. Natürlich kann es sein das der Flitzer von den „Raubtieren“ auch mal hart weggekickt wird, was die Lebensdauer der Miniflitzer verkürzen kann.

Die Katzenangel

Als eines der absoluten besten Spielzeuge hat sich die Katzenangel erwiesen. Meine beiden Lieblinge sind immer ganz aufgeregt, wenn ich die Angel hole und dann mit den beiden spiele. Solche Angeln gibt es überall im Tierhandel zu kaufen. Es gibt einige verschiedene Varianten die sich durch das Spielzeug, welches am unterem Ende hängt, unterscheiden. Üblicherweise sind das Bälle, Spielmäuse, Gummifische oder auch nur einfache Federn. Mit der Angel kam man dann dem jeweiligen Spielzeug „Leben“ einhauchen. Lassen Sie es langsam über den Boden wandern.
Tun Sie so als wenn sich das Spielzeug hinter Stühlen und Tischen vor der Katze verstecken will. Oder lassen Sie es mal auf das Sofa flüchten. Das weckt den Jäger in jeder Katze.

Wenn Sie die Angel in eine Schublade stecken und das Spielzeug runter hängen lassen, kann der Vierbeiner nach Lust und Laune auch Solo damit spielen. Die Angel kann auch „aufgemotzt“ werden wenn Sie etwas raschelndes zusätzlich daran befestigen. Eine kleine Plastiktüte, einen Papierball oder Folie sind dafür bestens geeignet.

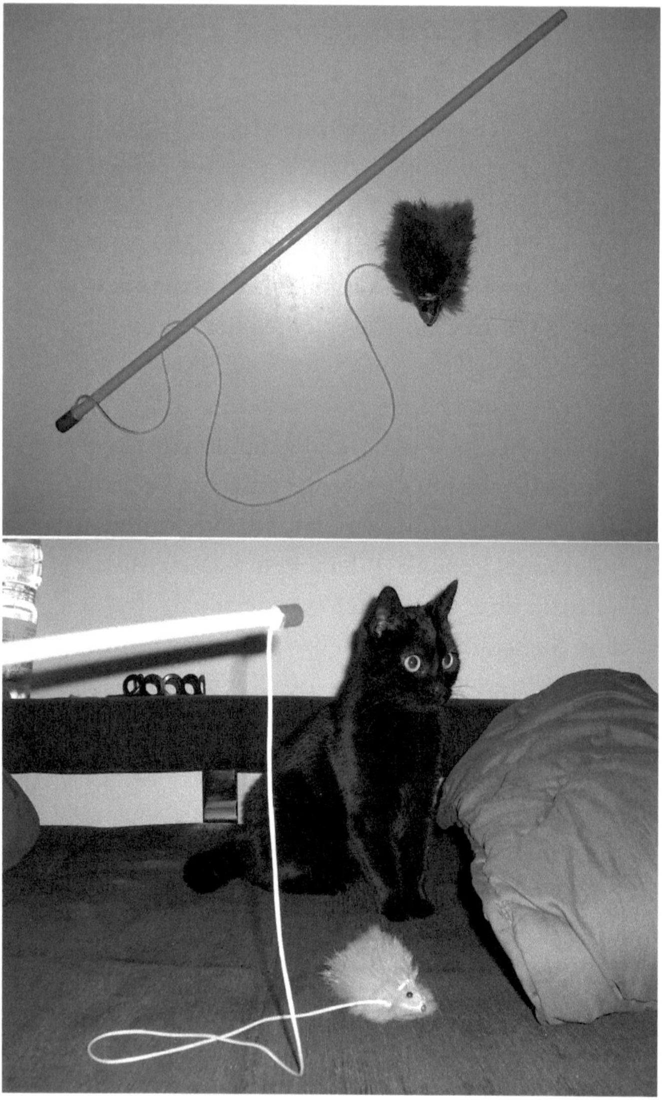

Eines der vielseitigsten Spielzeuge

Federleichter Spaß

Alles, was gejagt werden kann, ist interessant für Katzen. Der natürliche Instinkt zu jagen wird am meisten gereizt, wenn sich Gegenstände scheinbar von alleine bewegen. Dann nämlich hat die Katze den Eindruck es wäre etwas wirklich Lebendiges. Dazu eignen sich die verschiedensten Gegenstände. Ich habe es mal mit einer kleinen Feder versucht. Diese legt man auf eine ebene Fläche. Das kann der Fußboden, die Couch oder ein Tisch sein. Die Katze sollte mitbekommen, was man da macht. Dann pustet man vorsichtig gegen die Feder. Nur soviel das sie sich ein ganz klein wenig bewegt. Dann wird unser Stubentiger schon große Augen bekommen und aufmerksam zusehen, was da passiert. Dieses vorsichtige pusten erfordert vielleicht etwas Übung.
Später kann man die Feder dann auch richtig wegfliegen lassen. Die Katzen wird sie garantiert schnell wieder einfangen! Runterschlucken sollte das Tier die Feder aber nicht unbedingt. Also auch hier gilt wie eigentlich bei allen Katzenspielen: Man muss immer ein wenig aufpassen. Ansonsten ist das Spielen mit einer Feder eine super Sache, die sich auch recht spontan umsetzen lässt.

Wohnen mit der Katze

Bei der Anschaffung einer Katze muss einem klar sein, dass dies auch bedeutet die Wohnung etwas umzugestalten. Schließlich wohnt man ja nicht mehr allein und der oder die neuen Mitbewohner sollen sich ja auch wohlfühlen. Eine Katze braucht im Prinzip all das war wir Menschen auch benötigen: Einen Platz zum Essen, eine Toilette, Plätze zum Schlafen und zum Ausruhen. Außerdem mögen Katzen Beständigkeit und haben nicht so gerne Veränderungen in ihrer gewohnten Umgebung. Katzen kontrollieren ständig ihr Revier. Deshalb machen sie auch mehrmals täglich immer gleiche Kontrollgänge und überprüfen ob noch alles in Ordnung ist. Dieses Verhalten liegt in der Natur der Tiere und kann man sowohl bei freilaufenden als auch bei reinen Wohnungskatzen beobachten.

Der neue Mitbewohner

Der Moment, in dem die Katze zum ersten Mal die neue Wohnung betritt, ist natürlich sehr aufregend. Grade jetzt muss man viel Feingefühl und Sensibilität beweisen denn für das Tier ist diese Situation Stress pur. Wichtig ist natürlich das die Toilette bereit ist, frisches Futter und

Trinken an Ort und Stelle stehen. Genau diesen Ort muss man dem aufgeregten Kätzchen dann auch zeigen. Die Katze wird sich vorsichtig umsehen, alles genau abschnüffeln und langsam Pfote vor Pfote setzen. Beim Futter sollte man sich beim Vorbesitzer erkundigen, was bisher verfüttert wurde. Die Katze ist ja schließlich daran gewöhnt und Frauchen weiß auch gleich, was man kaufen muss. In dieser Phase ist es sehr wichtig, jeden anderen Stress von dem Tier fernzuhalten. Kleine Kinder würden sicher sofort gerne mit dem neuen Mitbewohner spielen aber das wäre absolut nicht zu empfehlen und Stress pur für das Tier.

Generell sollten nicht so viele Menschen gleich am Anfang in der Wohnung sein. Das würde das Tier total überfordern und verschrecken. Eine komplett neue Umgebung mit vielen Menschen, die neugierig sind und alle das Kätzchen streicheln oder mit ihm spielen wollen ist einfach zu viel. Wichtig ist aber das die Katze bei ihrer Erkundung von ihrem Frauchen oder Herrchen begleitet wird. So gewöhnt sich das Tier an seine neuen Bezugspersonen. Das schafft Vertrauen und Bindung. Das Tier lernt: *„Dieser Mensch ist gut zu mir und kümmert sich um mich!“* In dieser ersten Phase bringt es überhaupt nichts, gleich

mit der Katze spielen zu wollen. Wenn Sie ihr jetzt Bälle oder Spielmäuse hinlegen, wird sie die wahrscheinlich links liegen lassen.
Die Aufregung ist einfach noch zu groß, da hat man Wichtigeres zu tun, als zu spielen. Wenn sich die erste Nervosität gelegt hat, können Sie vorsichtig versuchen etwas mit Ihrem neuen Mitbewohner zu spielen. Fangen Sie damit langsam und bedacht an, am besten nur mit einem Spielzeug. Und noch mal: Langsam angehen lassen. Die Katze muss sich auch erst an Sie gewöhnen. Wenn man aber erstmal die erste Spiel und Kuschelrunde absolviert hat, ist das Gröbste geschafft.

Tierische WG

Nicht nur für den Neuankömmling ist der Einzug in ein neues Heim eine aufregende Sache. Wenn nämlich andere Tiere schon vorher dort wohnen, kann es leicht zu Revierstreitigkeiten oder anderen Unstimmigkeiten kommen. Muss es, aber nicht wenn man einige Dinge beachtet. Soll die neue Katze ein Spielgefährte für die schon vorhandene sein? Generell eine gute Idee aber das kann auch schief gehen, wenn der Altersunterschied recht groß ist. Eine ältere Katze, die schon jahrelang gewohnt war Solo unterwegs zu sein, könnte sich schwer tun, nun plötzlich einen Mitbewohner an der Seite zu haben. Mit viel Geduld und Feingefühl kann es aber gelingen, das ältere Tier an den neuen Mitbewohner zu gewöhnen. Am Anfang wird aber sicher der große Krawall anstehen. Wenn es gar nicht geht, sollte man die beiden vielleicht zuerst in getrennten Zimmern einquartieren. Katzen reagieren immer zuerst auf neue Geruchseindrücke. Deswegen spricht man ja beim Kennenlernen auch vom Beschnuppern. An den Schlafplatz des neuen Kätzchens kann man Sachen die dem älteren Tier gehören platzieren. So nimmt der Neuling immer den Geruch war und gewöhnt sich schneller daran und vielleicht können die beiden sich schon bald gut riechen. Je nach Gemüt der Tiere kann es ein paar Tage oder auch Wochen dauern, bis beide Katzen den jeweils anderen akzeptiert haben. Wenn aber beide erstmal zusammen spielen, und kuscheln entschädigt das für alles. Was aber, wenn schon ein Hund im Haus wohnt? Kann das denn überhaupt gut gehen? Das ist gar nicht so leicht zu beantworten denn es kommt darauf an, wie gut Herrchen oder Frauchen den Hund kennen. Wenn Sie beim Gassi gehen mit Ihrem Vierbeiner auf andere Hunde oder auch auf Katzen treffen und Sie den Hund kaum noch im Zaum halten können, dann wird es mit einer Katze in der Wohnung wohlmöglich eher schwer. In so einen Fall sollten Sie wirklich davon absehen. Sie tun sich und vor allem aber den Tieren keinen Gefallen, Ist der Hund aber eher ein relaxter Geselle, kann man es versuchen. Das Ganze ist aber natürlich keine einseitige Sache. Es hängt genauso davon ab, wie die Katze mit Hunden kann. Eine Garantie für ein friedliches Zusammenleben gibt es nicht aber in den meisten Fällen ist es beide der Kombination Hund/Katze nicht wesentlich schwieriger als bei zwei Katzen. Bei anderen Tieren in der Wohnung, wie etwa Hamstern oder Hasen, stellt sich die Frage des friedlichen Zusammenwohnens eigentlich nicht. Kleintiere werden eh in Käfigen gehalten, sollten aber natürlich in einen eigenen Raum stehen. Für Katzen wäre die Nager sonst eine leichte Beute.

Aussichtsposten

Wie ich anfangs ja schon geschrieben habe behalten Katzen gerne die Kontrolle über ihr vertrautes Revier. Dazu ist es natürlich wichtig, dass man als Stubentiger den Überblick behält. Deshalb lieben Katzen auch hoch gelegene Plätze in der Wohnung, auf die man gut raufklettern kann. Als Erstes fällt einem dabei natürlich der Kratzbaum ein. Aber auch Bücherregale, Schränke und Tische werden sehr gerne genutzt. Das geht aber nur, wenn unser Stubentiger auch wirklich die Möglichkeit hat, irgendwie darauf zu kommen. Achten Sie bei hohen Regalen z. B. darauf vielleicht einen kleinen Sessel danebenzustellen, den die Katze als Kletterhilfe nutzen kann. Meine beiden lieben es, auf meinem Bücherregal zu liegen. Dort haben sie den perfekten Überblick über die ganze Wohnung und fühlen sich richtig wohl. Ich habe einen halbhohen Kratzbaum so vor das Bücherregal gestellt das meine beiden Katzen ihn auch als Kletterhilfe benutzen können. Und sie sind dankbar dafür!

Eine Katze möchte die Übersicht behalten

Die Katzentoilette

Die Toilette der Katze ist sicher mit das wichtigste Thema bei der Einrichtung einer tiergerechten Umgebung. Katzen gelten ja nicht von ungefähr als sehr saubere und pflegebewusste Tiere. Zunächst muss man sich für eines der vielen verschiedenen Modelle entscheiden. Und es gibt wirklich eine gute Auswahl. Es gibt einfache, offene Modelle, welche mit einer Art Dach darüber bis hin zu sehr luxuriösen Modellen. Die verschlossenen Toiletten haben den Vorteil, dass nicht so viel Katzenstreu daneben landet. Allerdings muss Frauchen dann auch immer den Deckel abmachen, wenn es darum geht, die Katzentoilette zu säubern. Der Katze dürfte relativ egal sein, für welches Modell Sie sich entscheiden. Viel wichtiger ist ihr die Sauberkeit. In dem Punkt sind unsere vierbeinigen Freunde nämlich genauso pingelig wie wir Menschen. Wer benutzt schon gerne eine schmutzige Toilette? Genau, Niemand. Deshalb muss man mehrmals täglich die Katzentoilette überprüfen und alle Hinterlassenschaften entfernen. Eine meiner Katzen nahm es in diesem Punkt immer sehr genau. Sobald ihr die Toilette nicht sauber genug erschien, suchte sie sich notgedrungen

einen anderen Platz. Das war mal der Teppich und mal das Sofa. Seitdem achte ich noch genauer auf die Sauberkeit und meine Katze ist auch nicht wieder unrein geworden. Einmal pro Woche sollte man die Katzentoilette Grundreinigen. Also das gesamte Streu wechseln und die Toilette reinigen. Verwenden Sie dabei aber bitte keine starken Reinigungsmittel, das würde die Katze sicher nicht mögen.
Sehr wichtig ist auch der Standort der Katzentoilette. In der Regel ist das Badezimmer der beste Ort. Auch unser Schmusefreund ist lieber ungestört, wenn er sein Geschäft zu erledigen hat. Man muss aber natürlich darauf achten, dass die Tür zum Badezimmer immer geöffnet ist.

Katzen legen viel Wert auf Hygiene

Orte zum Verstecken

Katzen sind von Natur aus Jäger. Zur Jagt gehört auch das Verstecken und Auflauern. Aber auch zum Entspannen und schlafen eignet sich ein passender Unterschlupf. Katzen lieben es einfach sich zu verstecken. Deshalb sollten Sie in Ihrer Wohnung mehrere Möglichkeiten dazu einrichten. Viele Kratzbäume verfügen schon über kleine Kästen zum rein klettern. Bieten Sie Ihrem Stubentiger aber ruhig genügend Alternativen. Sind nämlich keine passenden Verstecke vorhanden, sucht sich unser Kätzchen mitunter einfach etwas Passendes. Da kann es dann vorkommen, dass der Kleiderschrank herhalten muss. Katzen sind sehr geschickt und schaffen es die meisten Schranktüren zu öffnen. Wenn Frauchen oder Herrchen davon nichts weiß, sucht man schon mal eine Zeit lang die Wohnung ab. Da spreche ich aus eigener Erfahrung. Deshalb sollte man selber einige Versteckmöglichkeiten in der Wohnung einrichten. Das muss überhaupt nichts Besonderes sein. Katzen mögen es aber, wenn sie aus dem Versteck heraus die Umgebung immer noch im Blick haben können. Ein einfacher, umgebauter Pappkarton reicht manchmal schon aus und erfordert nur ein wenig Bastelarbeit.

Schneiden Sie einen passenden Eingang aus. Auch ein kleines Loch an der Seite des Kartons zum Spähen gefällt den Katzen ganz gut in so einer selbst gebauten Höhle. Stellen Sie die so präparierte Pappkiste verkehrt herum an eine geeignete Stelle und legen Sie vielleicht noch eine gemütliche Decke rein. Dann ist es gleich viel gemütlicher in dem neuen Versteck.
Wolldecken eignen sich hervorragend, um einfach und schnell eine Höhle zu bauen. Man legt sie zum Beispiel so auf das Sofa oder die Couch, dass zwischen Armlehne und Sitzfläche ein Zwischenraum entsteht. Eine Art Dreieck. Die so entstandene Höhle wird von keiner Hauskatze lange unbemerkt bleiben.
So eine Versteckmöglichkeit ist immer eine willkommene Abwechslung für die kleinen Raubkatzen.

Der Katzenkorb, den man sonst nur beim Transport zum Tierarzt braucht, ist auch eine sehr gute Versteckmöglichkeit. Bei mir steht er auf dem Kleiderschrank und ist somit Aussichtsposten und Versteck in einem.
Es gibt auch kleine Katzenhäuser aus Pappe fertig im Tierfachhandel zu kaufen. Eine tolle Sache, so ein Katzeneigenheim denn genau wie wir Menschen braucht auch das Tier mal Ruhe.

Aus dem Versteck heraus den Überblick behalten

Der Kratzbaum

Der Kratzbaum ist das wichtigste Möbelstück für unsere Mitbewohner. Katzen merken eigentlich auch sehr schnell, dass dieses „komische Ding“ wirklich nur für sie da ist. Je nach Ausstattung ist ein guter Kratzbaum das vielseitigste Spielgerät im Haus. Die Katze kann draufklettern und die Umgebung beobachten, ein kleines Nickerchen machen, die Krallen wetzen oder sich verstecken.

Der Kratzbaum sollte in jedem Fall mehre Liegeflächen zum Schlafen bieten. Idealerweise sollte auch eine geschlossene Höhle vorhanden sein. Dort kann sich die Katze dann verkriechen, wenn sie einfach mal Ruhe haben möchte. Eine Kombination aus Schlafplatz und Beobachtungsposten also. Der Baum sollte auch ausreichend Stellen für den eigentlichen Zweck bieten: das Kratzen.
Man kann den Kratzbaum auch noch etwas verbessern in dem man einige Spielzeuge daran befestigt. Dafür würde sich eine Schnur mit einer Maus oder die Katzenangel anbieten. Aber man sollte es nicht übertreiben, sonst sieht er noch wie ein Weihnachtsbaum aus. Ein oder zwei Spielzeuge reichen völlig. Weniger ist hier wirklich mehr.

Der Kratzbaum ist das wichtigste Möbelstück

Der Schlafplatz

Genau so wichtig wie Verstecke, Toilette oder Futterstelle ist ein geeigneter Schlafplatz für die Katze. Der Klassiker Katzenkorb ist immer die beste Wahl. Damit es weicher und gemütlicher ist, legt man ein Kissen oder eine Wolldecke hinein. Ist der Korb so bequem eingerichtet, wird er sicher immer gerne genutzt werden. Allerdings sind Katzen ja bekanntermaßen sehr eigensinnige Tiere. Oft ist es so, dass sie unterschiedliche Plätze für ein Schläfchen nutzen. Je nach Lust und Laune. Sie sollten früh entscheiden, ob Sie Ihren Mitbewohner auch in Ihrem Bett schlafen lassen wollen. Ist das Tier erstmal daran gewöhnt, wird es nur wenig Verständnis dafür haben, wenn das Bett plötzlich „Sperrzone“ ist.

Auch eine Katzenhängematte ist ein super Schlafplatz, den Katzen einfach lieben. Dabei handelt es sich um weiche Liegeplätze die über zwei Haken verfügen. Diese kann man dann ganz leicht an der warmen Heizung befestigen. Kann man sich in der kalten Jahreszeit einen gemütlicheren Schlafplatz vorstellen?
Aber auch im Sommer wird so eine gemütliche Hängematte sicher immer gerne genutzt werden.

Die Futterstelle

Würde man unsere vierbeinigen Freunde nach dem wichtigsten Ort in der Wohnung fragen, so würden sie sicher die Futterstelle nennen. Aber etwas anderes würden wird von unseren kleinen Schleckermäulchen ja auch nicht erwarten, oder?

Generell sollte der Platz, an dem die Katzen gefüttert werden, ein Mal eingerichtet nicht mehr verändert werden. Katzen lieben Sicherheit und mögen keine Veränderungen in ihrer vertrauten Umgebung. Sie brauchen die Gewissheit immer zu wissen, wo es Nahrung gibt. Am besten ist es eine passende Matte als Unterlage zu verwenden. Bevorzugt aus einem leicht abwaschbaren Kunststoff, da ja immer wieder Futter neben dem Napf landet. Also wählen Sie etwas leicht Abwaschbares.

Achten Sie darauf, immer frisches Wasser bereitzustellen, auch wenn man manche Katzen nie daraus trinken sieht. Viele Katzen bevorzugen es, lieber am Wasserhahn zu lecken. Dass man auf ständige Sauberkeit des Futterplatzes achten muss ist selbstverständlich. Sie wissen ja sicher aus eigener Erfahrung, wie penibel reinlich Katzen sein können.

Lieblingsbeschäftigungen: Essen und schlafen

Relaxen auf dem Balkon

Wenn Sie über einen Balkon verfügen, wäre es doch ganz schön unfair wenn die Katze nicht auch mal dort relaxen kann, oder? Allerdings sollte die Sicherheit dabei an erster Stelle stehen. Besorgen Sie sich also unbedingt entsprechende Sicherheitsnetze im Tierfachhandel. Dort findet man auch noch andere, nützliche Zubehörartikel, die einen Balkon sicherer und katzentauglicher machen.

Wenn eine Katze schon auf den Balkon darf, dann will sie auch etwas sehen. Da hat man ja schließlich den besten Ausblick auf alles was in der Umgebung so passiert. Fremde Menschen, Vögel und manchmal auch ein Hund oder eine andere Katze wecken die Aufmerksamkeit unserer vierbeinigen Freunde. Also müssen Möglichkeiten geschaffen werden, die der Katze einen guten und zugleich sicheren Beobachtungsposten bieten.

Es bietet sich an, einen Blumenkasten für die Katze so einzurichten, dass sie bequem darin sitzen kann. Wenn dann noch ein Netz für Sicherheit sorgt, steht dem Urlaub auf „Balkonien“ nichts im Wege.

Gehirnjogging für Katzen

Dass Katzen für ihr Leben gerne spielen, wissen wir ja alle. Neben dem Schlafen und Essen brauchen unsere Kuschelfreunde natürlich auch immer ihre Portion Action im Alltag.
Bewegung ist auch wichtig für die Tiere, damit sie nicht zu träge werden. Sie sollen ja auch lange gesund bleiben und dafür ist etwas „Katzensport" genau das Richtige.
Aber nicht nur die körperliche Fitness ist wichtig. Auch die geistige Fitness unser Vierbeiner kann trainiert werden. Die ist ein Punkt, über den sich viele Katzenbesitzer nur wenig Gedanken machen.

Dabei kann man schon mit einfachen Mitteln aus den normalen Spielen eine Übung für das Katzenköpfchen machen. Deshalb möchte ich Ihnen hier noch ein paar Beispiele als Anregung mit auf den Weg geben, die nicht nur Spaß machen, sondern auch die Intelligenz der Katze fördern kann.

Viel Spaß beim Ausprobieren!

Hütchen Spiel für Katzen

Sie kennen bestimmt das Spiel, wo man eine Erbse unter eine von drei Nussschalen versteckt und man raten muss, wo die Erbse ist. Es handelt sich um das bekannte Hütchen Spiel. Hier die Version für Katzen: Sie benötigen nur drei Plastikbecher, die man im Supermarkt bei dem Pappbesteck findet. Außerdem ein paar Leckerlies, für Katzen immer die beste Motivation. Stellen Sie die Becher an eine passende Stelle, am besten mit einen glatten Fußboden. Zum Beispiel in der Küche. Verstecken Sie nun ein paar der Leckerlies unter einen der Plastikbecher. Natürlich müssen Sie die Aufmerksamkeit Ihrer Katze haben, sie soll sehen dass es was zu holen für sie gibt. Dann bringen Sie die Becher ein wenig durcheinander und lassen die Katzen den richtigen Becher suchen. Wenn die Katze nicht gleich darauf anspringt, geben Sie ihr vorher einen der Leckerlies. Sie will dann bestimmt noch mehr. Vor allem, wenn sie sieht, wie die Leckerlies unter den Bechern versteckt werden. Anstatt der Plastikbecher können Sie zum Beispiel auch drei leere Streichholzschachteln benutzen. Wichtig ist nur, dass, die Katze es leicht umschubsen kann, um an die Belohnung ranzukommen.

Endlich die Leckerei gefunden

Dosenpfand

Dies ist eine ganz einfache Methode aus einer normalen Fütterung ein kleines Spiel zu machen: Wenn sich unser Stubentiger eine kleine Belohnung verdient hat und auf Leckerlies wartet, können Sie dies mit einer kleinen Übung verbinden. Anstatt nun einfach die Katzenknabberei auszustreuen, öffnen Sie die Dose und legen sie auf den Boden.
Die Katze muss nun die Dose bewegen, damit die Leckereien rausfallen. Nur eine kleine Sache, die einfach zu machen ist und trotzdem das Tier ein wenig fordert.

Machen Sie es der Katze nicht zu einfach

Für das eben beschriebene Spiel gibt es im Fachhandel oder auch in manchen Supermärkten sogar spezielle Futterbälle zu kaufen. Die haben an den Seiten Öffnungen und man kann ein paar Leckerlies reinfüllen. Wenn die Katze dann damit spielt, fallen immer ein paar davon raus und sie hat doppeltes Vergnügen.

Da will ich ran!

Eine weitere, sehr einfache Art, die Fütterung der kleinen Stubentiger mit einem Geschicklichkeitsspiel zu verbinden, ist es die Belohnung in ein breites Glas zu geben. Die Katze sieht und riecht das Futter und will es natürlich haben. Aber sie muss es schon selber herausfischen! Das ist nicht so einfach, wie man zuerst glauben mag, denn mit der Pfote die kleinen „Cracker" zu erwischen erfordert einiges an Geschick. Wichtig ist aber das ein wirklich breiter Behälter dafür verwendet wird, damit die Katzenpfote auch gut rein passt. Außerdem sollte man den Behälter auf etwas Standfestes stellen, damit die Katze es nicht aus Versehen runterschubst.

Internetadressen / Bezusgquellen

http://www.bitiba.de
Ein großer Internetshop für Haustierzubehör.

http://www.Zooplus.de
Sehr großer Onlineshop, führt eigentlich alles

http://www.pussy-versand.de *Empfehlung*
Spezieller Online Shop nur für Katzenzubehör

http://www.animal24.de
Weiter großer Onlineshop für Tierbedarf

http://www.miau.de
Online Forum für Katzenfreunde

http://www.tierfotoagentur.de
Hier findet man Fotos von fast allen Katzenrassen

http://www.mietzmietz.de
Eines der größten online Foren für Katzenfreunde

http://www.tableracer.de/
Shop für Miniflitzer und andere Modelle

Quellen / Fotonachweise

Fotos und Abbildungen:
Karin Katpley

Ich danke:
Andreas Arimont
Geraldine Spurgarth
Cosmo & Fee
Christina meine Tierpflegering&Freundin

Das Kartentrick Handbuch **ISBN-10:** 3833499451

Bei Amazon.de – Buch.de – BOLde oder in der Buchhandlung ihres Vertrauens.

Bald sind SIE der Hit auf der nächsten Party!

Dieses Buch führt Sie in die Kunst mit Karten zu zaubern ein. Und hier lernen Sie nicht nur die üblichen „ziehen Sie mal eine Karte“ Tricks. Lernen Sie wie man Kartentricks mit dem Handy vorführt. Oder wie man eine grade verbrannte Karte in einen verschlossenen Umschlag erscheinen lässt. Sie lernen aber nicht nur Kartentricks, sondern bekommen auch wertvolle Tipps zur Vorführung. Keine Angst: Man braucht keine Fingerfertigkeit wie die Profis! Sie lernen Kartentricks, die fast automatisch funktionieren.

Zahlreiche Fotos erklären die Handgriffe genau.

Danke an *Cosmo* und *Fee*, die mir bei diesem Buch mit tollen Fotos geholfen haben!